HISTOIRE

naturelle & économique

du

CHIEN,

par M.r le Comte

de Lasteyrie.

À PARIS,

Rue Taranne, N.° 12.

A. Bacinet fecit 18..

HISTOIRE NATURELLE

ET ÉCONOMIQUE

DU CHIEN,

AVEC LA DESCRIPTION DE SES DIFFÉRENTES RACES, DE LEURS MOEURS, DE LEURS USAGES, ETC.

PAR M. C. P. DE LASTEYRIE.

SECONDE ÉDITION,

AUGMENTÉE ET ORNÉE DE FIGURES.

PARIS.

RUE TARANNE, N° 12.

1834

HISTOIRE NATURELLE

ET ÉCONOMIQUE

DU CHIEN.

Le chien appartient à un genre de quadrupèdes qui renferme plusieurs espèces, le loup, le renard, la hyène, le chacal, etc. Il a six dents incisives et deux canines à chaque mâchoire, six dents molaires de chaque côté de la mâchoire supérieure et sept aussi de chaque côté de la mâchoire inférieure, en tout quarante-deux dents (1). Ce nombre varie dans quelques individus. Les pieds de devant sont divisés en cinq doigts, ceux de derrière en quatre et rarement en cinq. La plante des pieds est garnie d'un gros tubercule en forme de trèfle. La femelle a dix mamelles, quatre à la poitrine et six sous le ven-

(1) Les dents incisives sont celles qui, chez l'homme comme chez les animaux, se trouvent rangées dans la partie antérieure de la mâchoire; elles sont ainsi nommées parce qu'elles servent à saisir et à couper les alimens. Les dents canines, placées entre les dents incisives et les dents molaires, sont ainsi nommées parce qu'elles se font remarquer chez le chien ainsi que chez les autres animaux carnassiers. Les molaires, placées dans la partie postérieure des mâchoires, servent à moudre ou broyer les alimens.

tre; le mâle n'en a que six placées sous cette dernière partie. La queue, ronde, est toujours inclinée à gauche, genre de caractère qui n'appartient qu'au chien. Cette direction est sans doute la cause pour laquelle cet animal marche de travers, en portant vers le côté droit la partie antérieure de son corps; il relève et agite sa queue en signe de joie, et la laisse pendre lorsqu'il est affecté par la crainte ou par la douleur. Le corps est couvert de poils plus ou moins longs, bouclés dans quelques individus, et variés par diverses nuances de couleurs. Le chien turc est sans poil et n'a ordinairement qu'une touffe sur le front; la taille et la forme présentent parmi les chiens de grandes différences.

Cette diversité, plus sensible que chez tous les autres animaux, provient de la domesticité à laquelle le chien a été soumis depuis une longue suite de siècles.

La tête du chien est oblongue, posée horizontalement, couverte de poils plus courts que ceux du reste du corps, et se rétrécit devant les yeux. La lèvre supérieure obtuse, garnie sur ses bords d'excroissances molles, charnues et dentelées, recouvre la lèvre inférieure; elle est parsemée de verrues qui donnent naissance à des soies roides en forme de moustaches. On en trouve de plus petites sur la lèvre inférieure; le nez est obtus, ridé, nu et toujours humide; les sourcils peu apparens, et les oreilles poilues et oblongues.

Les chiens naissent avec les yeux fermés par une

membrane qui se déchire le dixième ou le douzième jour après la naissance.

Leur corps, qui d'abord est arrondi, se développe promptement et acquiert des formes plus déterminées; ils perdent les premières dents à l'âge de quatre mois.

Les femelles font six à sept petits et quelquefois douze. La vie du chien est communément bornée à quatorze ou quinze ans; on en a vu cependant qui ont vécu jusqu'à vingt ans. On reconnaît son âge par les dents, qui sont dans la jeunesse blanches, tranchantes et pointues, et qui deviennent rousses, inégales et de couleur noire à mesure qu'il vieillit.

Les chiens sont voraces et gourmands; ils peuvent cependant se passer de nourriture pendant longtemps; ils s'accommodent assez de toute espèce d'alimens, quoiqu'ils aient un goût particulier pour la viande et surtout pour les charognes, sur lesquelles un certain instinct les porte à se rouler. Leur estomac, doué d'une grande énergie, digère très bien les os les plus durs et les plus compactes; ils ont de la répugnance pour la chair de certains animaux, tels que bécasses, canards, corbeaux.

Ceux qui sont nourris abondamment dans l'état de domesticité, qui ne prennent pas d'exercice et qui sommeillent presque habituellement, deviennent gras, lourds, paresseux et infirmes. Les mêmes habitudes, chez l'homme, le conduisent aux mêmes résultats.

Leur instinct les porte à avaler du chiendent lorsqu'ils se sentent incommodés; cette plante irrite leur estomac et produit un vomissement salutaire.

Les chiennes prennent un grand soin de leurs petits; elles les tiennent avec une extrême propreté, et montrent sur ce point plus de délicatesse que plusieurs parens envers leurs enfans; elles les défendent avec vigilance contre les ennemis qui pourraient leur nuire. Lorsqu'elles craignent pour leur sûreté, elles les transportent, en les prenant dans leur gueule, du lieu qu'elles ont d'abord choisi dans un lieu plus sûr, et souvent à de très grandes distances.

Les petits chiens, qui acquièrent toute leur croissance dans l'espace d'une année, sont gais et aiment à jouer entre eux ou avec l'homme; ils s'amusent en mordant et en déchirant les objets qui ne présentent pas une trop grande résistance à leurs faibles dents.

Le chien court avec beaucoup de célérité et peut fournir une longue route; il marche au-devant de son maître en faisant des détours dans tous les sens; mais lorsqu'il est fatigué, il se tient derrière lui et le suit tranquillement. Ayant les pores de la peau très serrés, il ne sue jamais, même dans les plus fortes chaleurs. Lorsqu'il est très échauffé, il laisse pendre la langue et la retire fréquemment; il se jette dans l'eau sans en être incommodé; il boit en lapant; de sorte qu'il enlève avec sa langue l'eau qui, étant introduite ainsi peu à peu dans son estomac, s'échauffe de manière qu'il n'éprouve aucune incommodité par le froid subit qu'une masse d'eau avalée d'un trait, produit dans l'intérieur du corps lorsqu'on est très échauffé; genre d'imprudence qui a souvent occasionné des maladies graves, et même la mort de plusieurs personnes.

Le chien est sujet à une maladie qu'on nomme la *rage*. On croit qu'il en est attaqué lorsqu'il est privé d'eau dans les grandes chaleurs; alors il devient furieux, il se jette sur les hommes et sur les bestiaux et leur communique la rage par sa morsure. Dans cet état, il ne reconnaît plus son maître, il chancelle, il tombe, il se relève, il ne peut aboyer, il penche les oreilles et la queue, sa gueule se couvre d'écume, il ne veut recevoir aucun aliment, il a horreur de l'eau.

Le remède le moins douteux contre la rage est la brûlure ou la scarification de la plaie à l'instant qu'elle vient d'être faite, et de fortes lotions de sel et de vinaigre ou d'eau, avec lesquelles on doit laver la blessure pendant deux ou trois heures. Le chlorure d'antimoine, ou *minium*, est un remède aussi efficace et bien moins douloureux que la brûlure ou la scarification.

On voit souvent le chien, lorsqu'il dort, remuer ses jambes, s'agiter, et même pousser de légers aboiemens; preuve que cet animal a, ainsi que l'homme, de la mémoire, et qu'il se rappelle dans son sommeil les objets qui l'ont frappé, ou les différentes choses qu'il a faites lorsqu'il veillait. La mémoire n'est pas la seule faculté intellectuelle dont le chien soit doté ; il est doué de jugement, puisqu'il reconnaît ce qui lui est utile, ainsi que le danger qui le menace, qu'il se porte vers l'un et qu'il fuit l'autre. Il jouit d'une espèce de raison que nous nommons instinct, mais qui n'existe pas moins en lui, quelque bornée qu'on la suppose, puisqu'il ne pourrait agir comme il fait s'il ne comparait certaines idées entre elles, comparaison qui lui fait prendre telle ou telle détermination.

Le chien a un sommeil très léger ; il se réveille au moindre bruit, et, gardien vigilant, il avertit son maître par ses aboiemens. Cette vigilance est encore plus grande la nuit que le jour ; aussi lui confie-t-on la garde des maisons, des boutiques, des fermes, des troupeaux et même des marchandises que l'on est obligé de laisser exposées dans les lieux ouverts. Il est caressant et amical pour ceux qu'il connaît, repoussant et sévère pour les étrangers ; il devient même plus redoutable pendant la nuit, lorsqu'on le prive de toute société durant le jour. Il est familier avec les enfans, reçoit leurs caresses avec plaisir et supporte même avec patience leurs tracasseries ; il éprouve au retour de son maître un sentiment de joie qu'il manifeste par le mouvement de sa queue, par ses regards et par ses caresses. S'il aperçoit un chien étranger qui approche de l'habitation domestique, il s'inquiète et le repousse avec courage, même lorsqu'il a affaire avec un adversaire plus fort et plus redoutable que lui. Naturellement vorace, il se contente cependant de la portion modique d'alimens qu'on lui donne, et il n'en reste pas moins attaché à son maître. Toujours il est prêt à le défendre au péril de sa vie. Ainsi tout citoyen doit être disposé à défendre sa patrie contre une agression injuste, contre les ennemis de la liberté publique, son semblable contre une violence, et la vérité contre l'erreur.

Le chien est le compagnon fidèle de l'homme dans tous les lieux où celui-ci peut habiter ; on le trouve dans l'état de domesticité, depuis les régions glacées du Kamschatka jusque sous la zone torride, et dans beaucoup de pays où le cheval, le bœuf, le mouton et l'âne ne peuvent pas vivre. C'est avec son secours que les hommes ont purgé la terre des animaux voraces, que le berger défend et conduit ses troupeaux, que le chasseur, en protégeant nos récoltes, nous procure un aliment pour nos tables. Il remplace même, dans beaucoup de circonstances, les animaux destinés plus particulièrement à transporter d'un lieu à l'autre l'homme et les objets à son usage. C'est à lui que nous devons la sûreté de nos habitations, et le plaisir de trouver un compagnon docile et fidèle à notre volonté et à nos ordres.

L'utilité dont le chien est aux voyageurs, soit dans les pays habités, soit dans les contrées sans population, présente un nouveau motif d'intérêt pour cet animal. Le voyageur à pied éprouve, au milieu de ses courses, une certaine satisfaction à se trouver en compagnie d'un ami fidèle, qui ne l'abandonne jamais et qui souvent l'avertit et le garantit des dangers auxquels il peut être exposé. Mais cet avantage se fait surtout sentir dans les voyages entrepris à travers des contrées désertes, ou dans celles qui n'ont pour habitans que des sauvages ou des bêtes féroces. C'est ce dont on se convaincra en lisant la narration d'un voyage en Afrique par un Anglais nommé Burchell.

« Nous avions, » dit-il, « une meute composée de 25 chiens, de différentes races et grandeurs. Cette variété nous fut fort utile dans notre expédition, car je remarquai que les uns nous avertissaient du danger d'une manière et les autres de l'autre. Les uns avaient plus de dispositions à surveiller l'attaque des hommes, les autres celle des animaux sauvages. Ceux-ci nous avertissaient de la présence de l'ennemi par l'effet de la finesse de leur ouie, ceux-là par la délicatesse de leur odorat. Nous en avions qui suivaient le gibier avec une grande vélocité, d'autres dont la vigilance et les aboiemens nous donnaient l'éveil; enfin quelques-uns qui poursuivaient les animaux féroces avec courage et beaucoup de persévérance.

« Une si grande quantité de chiens ne laissait pas que de nous donner beaucoup d'embarras, lorsqu'il s'agissait de se procurer la viande et l'eau dont ils avaient besoin; car nous éprouvions souvent beaucoup de peine à trouver la quantité d'eau nécessaire.

Mais il nous rendaient des services inappréciables, contribuant à notre sûreté et à notre tranquillité habituelles, par leur constante vigilance. Nous n'avions ainsi aucun danger à craindre pendant la nuit, étant certains d'en être avertis par leurs aboiemens. Rien ne peut faire apprécier le mérite et la fidélité de ces animaux, comme un voyage entrepris dans des régions où l'on rencontre des bêtes sauvages de toute espèce. Nous fûmes à même d'observer, à chaque instant, le contraste frappant qui existe entre les bêtes féroces, vivant de proie et de rapine, et fuyant l'aspect de l'homme, et entre les chiens, fidèles compagnons de la race humaine, dont les services sont trop souvent récompensés par de mauvais traitemens. Lorsque j'ai vu les animaux sauvages fuir à notre approche, j'ai admiré l'attachement de nos chiens, et je leur ai su gré de préférer notre société à un état sauvage et incertain. Souvent, au milieu de la nuit, lorsque tous mes gens dormaient entourés de nos chiens, j'ai su apprécier ces utiles animaux... Errant au milieu de déserts que l'homme n'a jamais habités, fatigué et tourmenté par la mauvaise conduite de mes compagnons de voyage, j'ai tourné mes regards vers les seuls êtres sur l'amitié desquels je pouvais compter, et j'ai reconnu combien leur était inférieur l'homme qui n'a d'autres vues que son intérêt personnel. »

Dans tous les pays et sous tous les climats où l'homme s'est établi, il a été suivi par ce compagnon fidèle, tandis que, partout, les autres animaux le fuient et le redoutent. Ce n'est pas que nous ayons su le ployer à nos besoins, de préférence aux autres animaux, mais bien parce qu'il est, de sa nature, sociable et attaché à l'espèce humaine. Si cette précieuse qualité était également commune à d'autres animaux, on en trouverait qui se seraient familiarisés, chez différentes nations, d'après les goûts, les besoins et les habitudes de chacune d'elles. Mais on ne voit, sur tous les points du globe, que le chien qui aime à entrer en société avec nous, à partager nos demeures, nos tables et nos plaisirs. Lui seul est capable d'attachement personnel, de vigilance pour notre sûreté, et de soumission à nos ordres.

Il est impossible, pour celui qui observe l'existence des êtres animés, de ne pas reconnaître que l'amitié et les rapports qui existent entre deux créatures, si différentes l'une de l'autre, ne soient l'ouvrage d'une sage Providence. D'où il doit résulter que la douceur et la bonté envers ces animaux est un devoir prescrit par la nature.

Aujourd'hui que l'Europe n'est plus couverte de forêts et de marais comme elle l'a été anciennement, et que le défrichement des terres et la population ont fait disparaître les bêtes sauvages en presque totalité, le chien n'est plus pour nous d'un besoin aussi indispensable qu'il le fut jadis aux premiers habitans du globe, et qu'il l'a été au voyageur dont nous venons de citer les paroles; mais nous ne devons pas oublier les services qu'il a rendus à la civilisation. En effet, si le chien n'eût jamais existé, comment l'homme eût-il pu exterminer les animaux féroces qui couvraient la terre, et avec lesquels il eût été perpétuellement en guerre? Comment aurait-il pu se livrer à la culture des terres, et préserver ses récoltes du ravage de tant d'animaux nuisibles? Comment aurait-il soumis à la domesticité les quadrupèdes et les oiseaux qui le nourrissent et le vêtissent? Et comment, enfin, eût-il empêché qu'ils ne devinssent la proie de ces mêmes animaux? C'est avec le secours du chien que l'homme a dompté les êtres vivans et qu'il s'est emparé du domaine de la nature. Que d'actions de graces ne devons-nous donc pas rendre au Créateur de toutes choses pour un don qui a contribué d'une manière si puissante au bien-être et à la civilisation de l'espèce humaine!

L'attachement paraît être un sentiment inné chez le chien. Il reste fidèle à son maître, malgré l'injustice et les mauvais traitemens: aussi en a-t-on fait l'emblème de la fidélité.

Susceptible d'éducation, on le dresse facilement à différentes espèces de chasses; on lui apprend à faire des tours qui semblent supposer chez lui une espèce de raisonnement. C'est cette docilité, c'est en même temps sa férocité naturelle que l'homme brutal partage avec lui, qui ont donné naissance aux combats de taureaux, spectacle digne des nations les plus barbares. C'est la fureur des conquêtes qui engagea les Espagnols à dresser de gros chiens pour poursuivre et dévorer les malheureux Indiens d'Amérique. C'est l'esprit de domination qui, sous le despotisme impérial, voulant asservir les noirs indépendans de Saint-Domingue, fit employer le même moyen par d'indignes Français. Des hommes plus humains ont élevé et dressé les chiens, habiles nageurs, de la Nouvelle-Hollande, à sauver les personnes en danger de se noyer.

La guerre injuste et sanglante que les Espagnols faisaient aux habitans du Nouveau-Monde, à mesure qu'ils en découvraient quelques parties; l'esclavage et les mauvais traitemens; la violence avec laquelle ils s'emparaient de leurs propriétés et les obligeaient à embrasser une religion qu'ils ne pouvaient comprendre; enfin la cruauté de ces redoutables conquérans, inspirèrent aux malheureux Indiens une haine et une crainte tellement profondes, qu'ils abandonnèrent leurs villes et leurs campagnes, et se jetèrent dans les bois pour se soustraire à la fureur implacable de leurs ennemis.

Alors les Espagnols, animés par l'esprit de fanatisme et de destruction, dressèrent des chiens qu'ils envoyaient comme avant-garde de leurs soldats, pour dévorer, au milieu des bois, les Indiens sans armes et sans défense. Lorsqu'on saisissait quelque fugitif, on coupait en quartiers son corps qu'on suspendait aux arbres, pour effrayer, disait-on, les rebelles.

Le reste des malheureux Indiens qui ne succombaient pas sous le fer des Espagnols, ou sous la dent meurtrière de leurs chiens, se réfugiait dans les creux des rochers et dans les cavernes des montagnes, où un historien dit avoir vu les ossemens de ces malheureux, qui aimèrent mieux périr de faim que de se rendre à leurs barbares ennemis. Car on ne leur accordait la vie que pour les plonger à perpétuité dans le fond des mines où les Espagnols cherchaient à étancher une soif insatiable pour l'or et pour l'argent. Un homme humain et charitable, qui ne ressemblait guère à ses compatriotes, l'évêque Bartholomeo Las Casas, dit au sujet des atrocités commises contre les Indiens de l'île de Cuba, dont il avait été témoin : « J'ai vu dans l'espace de trois ou quatre mois plus de 7,000 enfans, dont les pères et mères avaient été enlevés et conduits dans les mines, périr misérablement faute de tout aliment. J'ai été témoin d'autres cruautés non moins horribles. Il fut résolu de marcher contre les Indiens qui avaient fui dans les montagnes; ils furent chassés, comme des bêtes féroces, avec des chiens auxquels on avait donné le goût du sang humain. On employa aussi d'autres moyens d'extermination, de sorte que l'île fut presque déserte dans un très court espace de temps. »

Si le fanatisme et la férocité des anciens Espagnols ont employé comme instrument de destruction la sagacité et le courage du chien, ailleurs l'humanité et la charité ont su les employer à préserver l'homme des dangers auxquels il se trouve exposé.

Il existe une montagne, nommée le grand Saint-Bernard, située entre la Suisse et le Piémont, sur le sommet de laquelle est situé un hospice, pour loger et secourir les voyageurs qui, dans une région si élevée, se trouvent exposés en hiver à de graves dangers, par l'effet des neiges qui tombent en grande abondance sur le sommet des Alpes. Les moines établis dans cet hospice élèvent une race de chiens aussi vigoureux qu'intelligens. Ils les envoient rôder le long de la route pour découvrir les voyageurs qui, surpris par une tempête, par une abondante chute de neige, ou égarés dans quelques précipices et souvent engloutis sous la neige, trouveraient une mort certaine, si on ne leur apportait de prompts secours. Ces chiens, qui ont l'odorat très fin, découvrent, en rôdant de côté et d'autre, les voyageurs, même lorsqu'ils sont couverts de plusieurs pieds de neige. Alors ils aboient, ils grattent avec leurs pieds pour enlever la neige; on se tranporte sur le lieu à ce signal, et l'on dégage le malheureux qui, sans le secours d'un instinct aussi intelligent, serait condamné à une mort certaine.

On raconte qu'un chien de cet hospice, remarquable par son instinct et par son activité, ayant sauvé la vie à vingt-deux personnes, fut décoré d'une médaille dont il était assurément plus digne que certains hommes ornés de croix obtenues par l'intrigue et la servilité. L'on dit aussi que ce même chien rencontra, en faisant sa ronde, un enfant dont la mère avait été engloutie par une avalanche ou masse énorme de neige qui se précipite du haut des montagnes et entraîne tout ce qui se trouve sur son passage. L'enfant s'étant mis à cheval sur le dos du chien, ce bon animal le conduisit sain et sauf à l'hospice. Le chien, arrivé à la porte de l'hospice, fit connaître sa présence en aboyant afin qu'on vînt lui ouvrir. Ce chien porte toujours au col sa médaille et sa gourde dans laquelle on met de l'eau-de-vie, afin que les voyageurs qu'il découvre puissent reprendre des forces en buvant quelques gouttes de cette liqueur.

De tous les animaux, le chien est celui qui a éprouvé le plus d'altération dans ses formes extérieures et même dans ses habitudes. Ce changement est dû au climat, au croisement des races, à l'éducation et à la nourriture. L'homme est parvenu à modifier l'instinct de cet animal; il a su perfectionner les qualités primitives qu'il avait reçues de la nature. Ainsi nous développons et nous perfectionnons nos propres facultés par l'éducation, par le travail, par une attention et une application soutenues, tandis que la paresse et l'oisiveté nous retiennent dans l'ignorance, et s'opposent à notre bonheur et à celui de nos semblables.

L'éducation a autant d'influence sur les mœurs,

les habitudes et les qualités du chien qu'elle en a sur l'homme. La société habituelle de cet animal avec l'homme a dompté sa férocité et perfectionné son instinct. Ainsi, l'intelligence et les soins que ce dernier a apportés dans son éducation ont singulièrement développé ses qualités naturelles. En alliant des individus qui tiennent assez long-temps le gibier en arrêt, avec l'épagneul qui découvre facilement son gîte, mais qui se jette trop promptement sur lui, on a obtenu des races plus parfaites et mieux appropriées aux besoins de la chasse.

Si nous comparons l'homme avec l'animal qui fait le sujet de cet ouvrage, nous verrons que le sauvage est plus féroce et plus cruel que le chien bien dressé, puisque, non content de tuer ses semblables, il les dévore, tandis que le chien ne se porte jamais à un pareil excès; que celui qui ne reçoit aucune éducation conserve quelque chose de la cruauté du sauvage, même lorsqu'il vit parmi les nations civilisées. Qu'il soit brutal, grossier, déréglé dans ses mœurs et dans ses habitudes, et qu'il se livre sans pudeur à la paresse, à l'ivrognerie et à d'autres vices non moins funestes à la société qu'à lui-même, c'est ce que nous enseigne l'histoire de tous les temps et de tous les lieux. Si les peuples de l'Europe ont aujourd'hui des mœurs et des habitudes plus douces et plus sociables qu'ils n'avaient il y a cinquante ans, c'est que l'instruction s'est propagée et étendue parmi eux. La France offre un exemple frappant de cette amélioration. Le peuple, qui s'était porté à des excès à l'époque de la révolution de 89, mieux instruit et plus éclairé, a prouvé, par la sagesse, la modération et l'héroïsme qu'il a montrés en 1830, qu'il était digne de jouir de la liberté et de tous les grands avantages qui en sont la conséquence.

L'on a vu, et l'on voit tous les jours, des chiens qui, par l'effet de l'instruction, font des choses qui nous étonnent et que l'on a de la peine à concevoir. Prenez pour l'éducation des hommes les mêmes soins qu'on prend pour celle de quelques animaux, et bientôt vous verrez à quel degré de civilisation et de prospérité, il serait facile de porter l'espèce humaine.

L'éducation peut maîtriser chez l'homme ses passions les plus violentes, ainsi qu'elle les dompte chez les animaux. Un chien bien élevé voit sous ses yeux un lièvre ou une perdrix vers lesquels le porte presque irrésistiblement son instinct vorace; pressé par la faim, il aperçoit dans une cuisine des viandes qui ont pour lui le plus grand attrait; son maître pose en sa présence et même sur son museau un mets séduisant, il reste immobile et ne touche ni le gibier ni les alimens, quelque besoin qu'il éprouve, à moins que son maître ne le lui permette. Ainsi l'homme; à qui une bonne éducation a appris qu'il est de son devoir de modérer ses désirs et ses passions, ne s'empare jamais d'un bien qui ne lui appartient pas, et ne commet dans aucune circonstance un acte contraire à la raison, à l'ordre, et à l'intérêt de ses semblables.

Le chien sert d'aliment aux Chinois. L'on trouve dans ce pays des boucheries où l'on vend la chair de cet animal, comme on vend en Europe celle de mouton ou de bœuf. Les jeunes chiens sont surtout recherchés, comme le sont parmi nous les cochons de lait. Cette chair n'est pas mauvaise, ainsi que nous l'avons éprouvé, mais elle est un peu glutineuse. Les sauvages du Canada mangent des chiens dans les festins où ils veulent se régaler.

Le goût pour cette espèce de viande se retrouve chez plusieurs peuplades de nègres d'Afrique, chez les habitans de Terre-Neuve. Pline, naturaliste romain, et Hippocrate, célèbre médecin grec, nous apprennent que ces deux peuples faisaient usage de cette viande sur les tables les plus recherchées. Elle était chez les Grecs aussi estimée que celle du mouton ou du porc. Les chiens de lait étaient très recherchés chez les Romains. Le chien forme la nourriture ordinaire des habitans des îles de la Société. Sa chair jouit d'une saveur très délicate, même d'après le récit des Européens qui en ont mangé dans ce pays. Cela tient sans doute à ce que ces animaux ne sont nourris qu'avec des végétaux. Ils deviennent très gras; car lorsqu'après avoir mangé ils refusent de prendre de nouvelle nourriture, on les gorge d'alimens, ainsi que cela se pratique parmi nous lorsqu'on veut obtenir des volailles extrêmement grasses. Les Arabes s'alimentent avec la chair du chien, et les femmes égyptiennes sont très friandes de celle des jeunes chiens; elles croient qu'elle leur procure un grand embonpoint que les hommes de ce pays aiment à trouver dans le beau sexe.

Si ce genre d'aliment n'est pas du goût de tous les peuples, tous savent profiter de sa peau après sa mort. On en fait des fourrures, des manchons, des gants, des bas et autres choses du même genre, et même des habits; on fait des lisières de drap avec son poil.

Il n'est pas jusqu'aux excrémens du chien que l'on n'ait employés en médecine sous le nom déguisé d'*album grœcum* (blanc grec). C'est ainsi que dans les siècles d'ignorance, avant qu'on eût étudié l'histoire et les lois de la nature, on attribuait aux plantes, aux minéraux et à d'autres objets des propriétés et des vertus imaginaires. On fait entrer ces excrémens dans la composition des matières qui sont employées à Andrinople pour la belle teinture rouge des étoffes qui nous viennent de cette ville d'Asie.

L'intelligence du chien a été utilement dirigée à la conduite des troupeaux et à la poursuite du gibier. Le berger, se reposant sur la vigilance et sur la docilité de cet animal, conduit avec assurance ses moutons le long des pièces de terre en culture, sans crainte que leur dent avide ne préjudicie aux récoltes : il commande, et le compagnon de ses travaux dirige le troupeau en avant ou en arrière, à droite ou à gauche, et il réunit chaque individu qui s'en écarte; il le met à l'abri des loups, en prévenant son maître et en poursuivant les agresseurs. Le Lapon, avec la petite race de chiens qu'il possède, fait errer chaque jour, parmi les rochers et les bois, et ramener auprès de sa hutte enfumée les troupeaux de rennes qui lui fournissent sa nourriture et son vêtement.

Le chien se distingue surtout par la finesse de son odorat; il reconnaît les traces de son maître au milieu d'une foule de quelques milliers d'hommes, et il le retrouve même plusieurs heures après qu'il a disparu; il suit à la piste une voiture dans laquelle est enfermée la personne qu'il cherche.

Nous allons rapporter un fait arrivé dans une ferme située au milieu des bois de l'Amérique du Nord, et qui démontre la grande finesse d'odorat dont le chien est doué et les services qu'il peut rendre à l'homme. Un Français, nommé Lefevre, refugié en Amérique par suite de la révocation de l'édit de Nantes (1), avait un fils, âgé de quatre ans, qui disparut un jour, de grand matin. Après quelques recherches, sans succès, aux environs de la maison, la famille eut recours à l'assistance de ses voisins pour faire de nouvelles perquisitions. On se sépara en dif-

(1) Cet édit de Louis XIV, révoquant la liberté religieuse accordée aux protestans, fit sortir du royaume des milliers d'hommes industrieux qui, au détriment de notre prospérité, portèrent chez l'étranger nos arts et nos fabriques.

férentes bandes et l'on fouilla les bois dans toutes les directions sans rien découvrir. On fit le lendemain les mêmes recherches et on ne fut pas plus heureux. Il arriva, par bonheur, sur ces entrefaites à la ferme un Indien, nommé Tévénissa, qui avait un chien très bien dressé et dont l'odorat était excellent. Informé de la perte que venait de faire M. Lefevre, il lui demanda de faire apporter les bas et les souliers que son fils avait mis en dernier lieu, et après les avoir fait flairer à son chien, il s'éloigna d'un demi-quart de lieue de la maison et il parcourut un demi-cercle se tenant toujours à la même distance. Bientôt le chien, rencontrant les traces de l'enfant, se mit à donner de la voix et à s'enfoncer dans l'épaisseur du bois. On le vit reparaître un quart-d'heure après, et venir auprès de son maître en s'agitant et en aboyant, comme s'il eût voulu lui apprendre qu'il avait trouvé l'enfant. A cette vue, les parens conçoivent de l'espérance. Mais leur enfant, s'ils étaient assez heureux pour le retrouver, serait-il vif ou mort? Cette cruelle incertitude fut bientôt dissipée, car l'Indien ayant suivi son chien, celui-ci le conduisit au pied d'un gros arbre où était couché l'enfant, sans qu'il lui fût arrivé aucun accident facheux; il était seulement accablé de faim et de fatigue. Alors il le prit dans ses bras et l'apporta à ses parens qui se trouvaient à quelque distance de ce lieu, n'ayant pu marcher aussi vite que l'Indien et son chien. Transportés de joie, après avoir embrassé tendrement leur enfant, ils caressent le chien qui venait de lui sauver la vie, remercient l'Indien et retournent à la maison. Ils soignent leur enfant qui, n'ayant pas pris de nourriture depuis quelque temps, était très faible. Bientôt il recouvra ses forces et fut rétabli dans son état de santé ordinaire.

Ainsi cet enfant, pour n'avoir pas suivi les conseils de ses parens qui lui avaient souvent recommandé de ne point s'éloigner de leur habitation, aurait été dévoré par les bêtes féroces ou serait mort de faim, si le hasard n'eût pas conduit à ce moment chez M. Lefevre un Indien avec un chien assez intelligent pour suivre de l'odorat les traces de l'enfant, et parvenir à l'endroit du bois où il s'était perdu.

Il est facile, avec le secours d'un chien bien dressé, de trouver des objets perdus dans des lieux où l'on a passé; on a un grand nombre de faits de ce genre. On cite, par exemple, celui d'un Anglais qui, sur le refus de laisser entrer son chien dans le Vauxhall avec lui, le laissa au corps-de-garde. Etant entré dans ce lieu public, il s'aperçut bientôt qu'on lui avait volé sa montre. Il vint faire sa déclaration au commandant du poste, et lui dit qu'il retrouverait sa montre, si on voulait lui permettre de la faire chercher par son chien. Cette permission lui ayant été accordée, il retourna dans le jardin, fit un signe à son chien qui aussitôt parcourut la foule et trouva le voleur, qui fut arrêté, fouillé et convaincu du vol.

Cette sagacité se fait remarquer surtout dans la découverte et la poursuite du gibier. Le chien saisit au bout de vingt-quatre heures les traces odorantes imprégnées sur le sol; il se dirige ainsi vers le gîte où se cache l'animal. Tantôt il le poursuit avec ardeur, et reconnaît les ruses employées pour se soustraire à ses recherches; tantôt il l'arrête par ses regards aussitôt qu'il l'a découvert et attend que le chasseur vienne le frapper d'un plomb meurtrier. Ainsi l'on distingue pour la chasse deux principales races de chiens, dont l'une est dressée à poursuivre les animaux, et l'autre à les arrêter au lieu où elle les découvre. On en trouve aussi qui forcent les animaux dans leur tanière souterraine, et d'autres qui les poursuivent jusque sur les eaux.

La grande sensibilité de l'odorat, dans quelques races de chiens, leur donne un discernement que l'on ne rencontre dans aucune autre espèce d'animaux, sans en excepter l'homme. Les chiens que l'on a dressés pour la chasse du renard ou du lièvre distinguent la trace de l'animal qu'ils poursuivent d'avec celle d'un semblable animal qui vient à croiser la première trace. Souvent ils abandonnent celle-ci et se dirigent en droite ligne pour éviter un contour, et vont reprendre plus loin la trace du gibier qu'ils poursuivent. Il est difficile de concevoir comment le chien peut reconnaître et poursuivre à la piste un animal vingt-quatre heures après son passage. Il suit au milieu de la population et des détours d'une ville la trace de son maître, et découvre le lieu où il se trouve. Le chien de garde sent l'approche d'un étranger, même à une assez grande distance, et il avertit son maître par ses aboiemens. Tous ces faits prouvent que le chien acquiert par l'exercice habituel d'un sens particulier un degré d'aptitude et de perfection qui peut à peine se concevoir. Le même résultat a lieu chez l'homme. Le génie n'est souvent que le fruit de l'exercice et de la méditation portés avec résolution et persévérance sur un même sujet. On félicitait Newton sur les grandes découvertes qu'il avait faites : « J'en suis uniquement redevable, répondit-il, à la suite et à la persévérance que j'ai apportées dans mes recherches et mes méditations sur un même objet. » Ainsi, il n'est rien qu'un esprit ordinaire ne puisse surmonter avec une ferme volonté et une application constante dirigées vers l'étude d'une science pour laquelle il éprouve quelque attrait.

Si l'instinct admirable du chien a lieu de nous surprendre, sa force musculaire dont les hommes ont su tirer parti n'est pas moins étonnante, vu les proportions de son corps.

Le manque d'animaux communément employés pour tirer les fardeaux, ou des raisons d'économie, ont porté les hommes à faire usage des chiens pour le même service. Les habitans des contrées glacées de la Sibérie, et principalement ceux du Kamschatka, ont des attelages de chiens pour transporter leurs marchandises sur des traîneaux ; ils ont même établi au moyen de ces animaux des relais pour voyager en poste d'un lieu à un autre. Ces transports et ces voyages se font toujours lorsque la terre est couverte de neige. On emploie communément cinq chiens pour tirer un traîneau qui porte, outre le conducteur, une certaine quantité de marchandises. Quatre chiens sont attelés avec des colliers, deux à deux, et le cinquième placé en avant sert de guide aux autres. On choisit pour cette fonction des chiens bien dressés : alors ils sont très recherchés et se vendent fort cher.

Le maître conduit et dirige ces animaux avec un long fouet, et souvent il se contente de leur commander avec la voix, lorsqu'il veut hâter leur marche ou les faire arrêter.

Les habitans de ces pays glacés traitent fort mal les chiens qui leur rendent de si grands services. Ils les abandonnent à eux-mêmes dans la saison de l'été, durant laquelle ils ne peuvent les employer. Ces animaux vont chercher dans les campagnes et sur les bords de la mer des rats, des insectes, des baies, des coquillages, qui leur servent de nourriture. On les alimente, dans la saison où ils sont de service, avec des arètes de poisson ou avec du poisson en putréfaction conservé dans des fosses. Ils dorment ordinairement en plein air dans des trous qu'ils pratiquent sous la neige.

On est dans l'usage en Allemagne, dans le nord de la France, et surtout en Hollande, d'employer les chiens au tirage des fardeaux ou à la conduite des petites voitures destinées à la promenade des enfans.

La finesse de l'odorat du chien l'a rendu utile à la recherche des truffes. Lorsqu'il sent le parfum de ce tubercule, il indique sa découverte à son maître en grattant la terre avec ses pattes; on le dresse facilement à ce genre de recherche, ainsi qu'à celle des voyageurs qui s'égarent sur les hautes montagnes à cause de la chute abondante des neiges qui font disparaître la trace des chemins. Le chien est aussi d'une grande ressource aux aveugles qu'il conduit avec sûreté d'un lieu à l'autre, même à travers les embarras qu'on rencontre dans les rues des grandes villes. On le voit souvent porter le soir une lanterne pour éclairer son maître.

La docilité et l'intelligence du chien ont permis de le dresser à des services domestiques, à des tours et des jeux qui paraissent extraordinaires; on l'emploie dans quelques endroits à tourner la broche; on le met à cet effet dans une roue, à laquelle il donne le mouvement par sa marche. On voit aussi dans la Belgique des forgerons de clous qui font mouvoir leurs soufflets par le même moyen.

De pauvres gens gagnent leur vie en faisant danser ou sauter des chiens, auxquels ils donnent un costume bizarre. On leur apprend à porter à la gueule des paquets et même des alimens, à désigner une carte à jouer ou un objet quelconque parmi un grand nombre d'autres ; à fermer la porte, à tourner un rouet, à sonner une cloche, à porter de l'argent dans une boutique, et à rapporter la marchandise qu'on leur a confié, etc.

Les hommes dans tous les temps ont su diriger, à leur profit ou dans le but de leurs plaisirs, deux qualités qui ne se retrouvent réunies au même degré dans aucune autre espèce d'animaux : la sagacité et la docilité.

Un ancien historien, Plutarque, nous dit avoir vu sur un théâtre de Rome un chien qui jouait son rôle dans une farce représentée devant l'empereur Vespasien, et aux grands applaudissemens du public. Les modernes n'ont pas été moins habiles à dresser les chiens de manière à leur faire exécuter les tours les plus extraordinaires ; le barbet est celui qui paraît avoir le plus d'aptitude à ce genre d'instruction. On voit assez fréquemment à Paris de ces chiens savans qui répondent par signe à certaines questions qu'on leur adresse, qui exécutent d'apres l'ordre reçu un acte qui paraît, au premier examen, au-dessus de leur esprit et de leur capacité. Il est assez plaisant de voir un chien, ayant un singe monté à califourchon sur son dos, courir et exécuter toute sorte de mouvemens, tandis que le singe, habillé en uniforme, le sabre à la main, monte et descend de dessus son cheval, comme un voltigeur, en faisant toute sorte de grimaces et de simagrées. Il suffit de jeter au loin un morceau de pain au chien, pour le faire courir avec vitesse, ce qui ne fait pas perdre contenance à son cavalier.

Ce n'est pas seulement par des tours d'adresse que se distingue la sagacité du chien. Il suffit de l'observer, lorsqu'il est livré à lui-même, pour reconnaître l'intelligence dont il est doué. En effet, lorsqu'un chasseur prend son fusil, ou d'autres appareils de chasse, le chien, qui prévoit le plaisir dont il va jouir, s'agite de joie, caresse son maître et montre une grande impatience de partir. Il en est de même lorsqu'ayant l'habitude de sortir avec les habitans d'une maison, il voit prendre un chapeau, préparer une voiture ou des chevaux qu'il accompagne ordinairement. Souvent même il prend les devans et il va à une assez grande distance dans la campagne de crainte qu'on ne lui permette pas de sortir.

Des hommes très habiles, mais à imagination exaltée et aimant les paradoxes, non contens de reconnaître chez le chien des facultés intellectuelles dont il est réellement doué, lui en ont attribué qui n'appartiennent qu'à l'homme. Ainsi le docteur Gall, célèbre anatomiste, dit dans un de ses ouvrages que le chien « apprend à comprendre non-seulement des mots séparés et des sons articulés, mais des sentences entières, exprimant plusieurs idées. » Il ajoute : « J'ai souvent parlé avec intention sur des sujets qui pouvaient intéresser mon chien, en évitant soigneusement de prononcer son nom, de faire un geste, ou de prendre un ton de voix qui pussent réveiller son attention. Cependant il démontrait, par sa manière de se comporter et d'agir, qu'il avait parfaitement compris ma conversation. J'avais conduit de Vienne à Paris une chienne qui, dans un court espace de temps, comprit le français aussi bien que l'allemand, ce dont je me suis assuré en répétant devant elle des sentences entières, dans les deux langues. »

Un auteur anglais pousse le merveilleux encore plus loin. Voici comment il s'exprime : « L'on montrait au public, dans la ville d'York, il y a environ trente ans, un épagneul savant qui soutenait des thèses de philosophie en anglais, en français et en latin. On doit cependant dire que cet animal ne parlait pas ces langues, mais au moins il paraissait les comprendre, puisque, lorsqu'on les employait pour lui faire une question. il répondait toujours par signe, soit en remuant la tête pour exprimer l'affirmative ou la négative, soit en désignant avec sa patte les nombres ou les lettres qui, réunis entre eux, formaient la réponse aux demandes. »

Les hommes superstitieux de l'antiquité ont également donné carrière à leur imagination relativement aux chiens ; ils l'adoraient comme une divinité, et on le trouve fréquemment parmi les hiéroglyphes d'Egypte ; ils représentaient le dieu Anubis sous la forme d'un homme ayant une tête de chien ; ils l'avaient placé au ciel, sous le nom de *Sirius* ou étoile du chien; ils le logeaient aussi aux enfers sous la dénomination de *Cerbère*, et ils lui avaient donné trois têtes, afin qu'il défendît mieux l'entrée de ce séjour dont il était le portier.

L'ignorance et la folie des hommes ne se sont pas arrêtées à toutes ces extravagances. Solinus et Ælien, deux historiens grecs, rapportent qu'il existait en Ethiopie une nation, nommée *Nubes*, qui avait une si haute estime pour le chien qu'ils en choisissaient un pour leur roi et qu'ils n'en avaient jamais d'autres. Ils épiaient toutes ses allures et tout ce qu'il faisait, et ils en tiraient des conséquences pour le gouvernement de leurs affaires, ayant pour ce chien couronné la plus humble soumission.

On raconte différentes anecdotes sur les chiens, que l'amour du merveilleux a souvent fait imaginer et que la crédulité a adoptées sans examen.

L'une de ces histoires fabuleuses la plus remarquable est celle du chien de Montargis, publiée maintes et maintes fois et crue comme une vérité par toute la France. Nous ne rapporterons pas ici cette histoire absurde qui est assez connue ; il nous suffira de remarquer, d'après le récit qui en est fait, qu'un nommé Macaire, soupçonné d'avoir assassiné un certain Aubry, fut contraint de se battre contre le chien de ce dernier, qui le vainquit. Cette victoire fut une preuve suffisante pour le roi, qui fit décapiter Macaire. Voyez cependant où conduit la crédulité et le fanatisme. Un roi, sur le témoignage d'un chien, condamne à mort un homme qui, dit-on, avoue son crime.

Une semblable condamnation a eu lieu pareillement à Dijon, en 1764, sur le témoignage d'un autre chien dont le maître, venant de recevoir une somme d'argent, fut assassiné par deux paysans. Ce chien conduisit quelques personnes au lieu où s'était commis le meurtre, il attaqua le prétendu coupable dans différentes circonstances où il le rencontra, même dans le tribunal en présence des juges qui, en conséquence, condamnèrent à mort un homme qui n'avait pour tout accusateur qu'un chien.

Combien d'autres victimes innocentes ne sont-elles pas tombées sous la main des bourreaux par l'erreur des juges, par les lois iniques du despotisme, par des haines religieuses ou politiques, par l'ambition ou l'esprit de vengeance? Cette incertitude des jugemens humains et la passion qui trop souvent en dicte les arrêts, n'auraient-elles pas dû, depuis long-temps, inspirer à des législateurs humains et religieux le devoir d'abolir la peine de mort? Cette loi, qui a pris naissance dans des siècles de violence et de barbarie, est aussi contraire à la religion naturelle qu'au christianisme, à l'humanité qu'à la civilisation. Au Créateur suprême seul appartient un droit si puissant et si terrible.

Mais revenons aux histoires fabuleuses inventées pour amuser la crédulité du peuple et surtout celle des enfans, auxquels on ne doit cependant présenter que des faits vrais et bien constatés.

Telle est, par exemple, celle d'un chien qui, ayant eu la jambe cassée, fut ramassé dans la rue par un chirurgien, qui l'emporta chez lui, le soigna, et le renvoya après l'avoir entièrement guéri. Quelques mois après, le même chien se présenta chez son bienfaiteur, avec un de ses camarades qui venait d'éprouver le même accident, et il invita le chirurgien par ses caresses et par ses instances à rendre à son ami le même service qu'il lui avait rendu à lui-même. L'histoire ne dit pas si le chirurgien se laissa toucher par les prières et la recommandation de son ancien client.

On raconte encore l'histoire d'une perdrix qui vivait en si bonne intelligence avec un chien de chasse qu'ils prenaient régulièrement leurs repas dans le même plat, et que la perdrix allait se coucher la nuit et une grande partie du jour entre les jambes du chien. Malheureusement, le bonheur qui régnait entre deux si bons amis fut troublé par l'absence du chien enlevé par un voleur ; l'oiseau, inconsolable de cette perte, refusa tout aliment et mourut de chagrin au bout de quelques jours.

Ces fables et d'autres non moins ridicules doivent nous apprendre à ne pas croire légèrement et sans examen plusieurs faits que nous lisons dans des livres ou qu'on nous raconte comme étant réellement arrivés. Les hommes sont amis du merveilleux, et le vulgaire adopte aveuglément tout ce qui lui paraît extraordinaire.

L'histoire suivante, quoique peu vraisemblable, est assez singulière pour que nous la rapportions ici. Permis à chacun d'en croire ce qu'il voudra. On dit qu'elle est arrivée dans un couvent où l'on distribuait à manger chaque jour à un certain nombre de pauvres.

Le chien, qui appartenait au couvent, assistait régulièrement à ce repas où il trouvait quelque petite chose à manger; il arrivait cependant assez fréquemment qu'il ne recevait rien du tout. Les portions étaient distribuées à chaque pauvre dans un tour ou espèce de grande boîte ronde située dans l'ouverture d'une muraille. Lorsqu'un pauvre arrivait, il sonnait une cloche pour avertir qu'il venait chercher sa portion; alors la personne chargée des distributions plaçait cette portion dans le tour et la faisait passer du côté opposé.

Le chien s'étant aperçu qu'il arrivait une portion chaque fois que la cloche était sonnée, s'imagina d'essayer si cet expédient lui réussirait aussi bien qu'aux pauvres mendians. Un jour qu'on ne lui avait rien donné à manger et que tous les pauvres étaient partis, il prit la corde dans sa gueule et il se mit à sonner la cloche. Ce stratagème lui ayant réussi, il le continua les jours suivans; mais le cuisinier, qui s'était aperçu qu'on lui demandait une portion en sus de celles qu'il devait donner, chercha à découvrir l'auteur de cette fraude. Il reconnut bientôt que chaque pauvre ne recevait qu'une portion et surprit le chien au moment où il sonnait la cloche. Le supérieur du couvent, ayant appris ce fait, ordonna qu'on permît au chien de sonner la cloche chaque jour et qu'on lui distribuât une portion en récompense de la sagacité et de l'adresse qu'il avait montrées.

L'auteur de cet ouvrage a été témoin d'un fait qui démontre chez le chien une force d'instinct dont il n'est pas possible de se rendre compte. Etant dans la ville de Metz, et devant se rendre à Paris, on lui donna un épagneul quatre ou cinq jours avant son départ. Il voyagea en diligence avec son chien, de Metz à Châlons, et étant parti de cette dernière ville à pied, il arriva à Paris avec son compagnon de route. Il resta huit jours dans une maison avec ce chien, qui ne sortit jamais pendant tout ce temps; cet animal, ayant trouvé la porte ouverte, s'évada et ne reparut plus. Son maître apprit, quelque temps après, qu'il était retourné à Metz chez la personne à laquelle il avait d'abord appartenu. Ainsi ce chien trouva le moyen, sans autre guide que son instinct, de se diriger au milieu des rues de Paris, de prendre la route du lieu où il voulait aller, de franchir un trajet de soixante-dix lieues, dont même il avait fait la moitié en voiture dix jours avant qu'il s'échappât.

On trouve dans les régions désertes de l'Amérique septentrionale et méridionale, de grandes troupes de chiens sauvages; ils proviennent des races domestiques transportées par les Européens; ils attaquent les troupeaux de bœufs sauvages qui errent dans les lieux déserts de ces contrées, et les autres animaux dont ils font leur nourriture. Ils se réunissent pour poursuivre les animaux, ils vivent en troupes de cent et deux cents individus, et ils ne souffrent pas que des bandes étrangères se joignent à la leur.

Les chiens s'étaient multipliés en un si grand nombre qu'on fut obligé de les détruire pour empêcher qu'ils ne détruisissent eux-mêmes les troupeaux de bœufs et de chevaux qui s'étaient pareillement propagés dans les campagnes.

On raconte qu'en 1784 un contrebandier ayant laissé un chien sur les côtes du Northumberland, en Angleterre, cet animal, pressé par la faim, attaqua les moutons qu'on laisse jour et nuit dans les champs, abandonnés à eux-mêmes. Bientôt il devint la terreur du pays par la destruction considérable de moutons qu'il faisait chaque jour. Car il les tuait; il leur déchirait le côté et les abandonnait après leur avoir mangé la graisse qui avoisine le rognon. Les fermiers alors lui donnèrent la chasse avec des chiens qui, dès qu'ils atteignaient le coupable, s'arrêtaient et ne lui faisaient aucun mal. On le poursuivit un jour dans un espace de douze lieues sans pouvoir l'atteindre, et le même jour au soir il reparut dans l'endroit d'où il était parti. Après lui avoir donné la chasse pendant trois mois, on parvint cependant à le tuer sur un rocher élevé où il se portait pour observer les personnes qui venaient l'attaquer et être prêt à fuir en cas de danger. On a aussi l'exemple de plusieurs de ces animaux qui, abandonnés dans des îles désertes, faisaient leur proie des chèvres sauvages qui s'y trouvaient.

Le chien a un tel penchant pour la société de l'homme que, si l'on prend les petits de ceux qui vivent dans l'état sauvage, il est facile de les apprivoiser, et de les rendre aussi dociles et aussi familiers que les chiens ordinaires. Ces animaux sont à demi sauvages à Constantinople, au Caire, en Egypte et dans d'autres villes d'Orient, car les Mahométans, les considérant comme des animaux immondes, les excluent de leurs maisons; mais cependant ils les protégent et les laissent errer librement, à raison de l'utilité qu'ils en retirent, car les chiens dévorent les charognes et autres immondices qui corrompraient l'air par leur putréfaction.

Le préjugé qui a inspiré du mépris pour un animal aussi utile, l'a fait servir de terme de comparaison au même mépris déversé sur l'homme. Ainsi les Mahométans, dont le fanatisme intolérant hait tout ce qui n'est pas de sa religion, en parlant d'un chrétien, ajoutent toujours l'épithète de *chien*. Le peuple Anglais, auquel son gouvernement avait inspiré du mépris pour la nation française, nous accueillait souvent avec la dénomination de *chien de Français*. Heureusement les peuples, qu'une politique barbare avait cherché à diviser, commencent aujourd'hui à s'estimer et à se considérer tous comme les membres d'une même famille.

On a tenté d'obtenir une race du loup et du chien; les individus qui en sont provenus participaient, même après un certain nombre de générations, bien plus du loup que du chien; ils sont sauvages. craintifs et farouches; ils hurlent comme les loups et répandent une odeur analogue à celle de ces animaux.

Nous allons indiquer les principales races de chiens disséminées sur la surface du globe. Leur mélange presque infini, fécondé par le climat, la nourriture et l'éducation, a produit dans cette espèce des variétés extrêmement nombreuses.

Chien de berger. On pense généralement que le chien de berger est celui qui approche le plus de la race primitive des chiens. Sa taille est moyenne, ses oreilles courtes et droites; il est couvert de poils longs sur tout le corps, excepté sur le museau; il est de couleur noire ou brun foncé. De toutes les espèces de chiens, c'est celui qui a le plus d'instinct pour la garde des troupeaux; il est surtout d'une grande utilité dans les pays où l'on élève de grandes quantités de moutons, dans des champs ouverts et voisins de cultures de tout genre.

Les chiens des parties boréales, ou nord de l'Europe et de l'Amérique, ont une grande analogie avec le chien de berger. La nature, afin de les rendre propres à supporter le froid glacial de ces contrées, leur a donné, ainsi qu'à tous les autres quadrupèdes, un poil ou plutôt une laine fine et soyeuse qui pousse, à l'approche de l'hiver, parmi les poils rudes et longs qui couvrent habituellement leur corps.

Ces poils tombent au retour de la belle saison. C'est pour cette raison que les fourrures n'ont de valeur que lorsque les animaux sauvages qui les produisent ont été tués pendant l'hiver. L'auteur de ce petit traité a vu en Norwège des cochons dont le corps se trouvait garni d'une laine grossière qui poussait parmi les soies rudes et longues dont ils étaient couverts. Le poil des chiens, ainsi que celui de quelques autres animaux, devient blanc pendant l'hiver, dans les contrées du nord où le froid est vif; tels sont le lapin, le renard, l'hermine, etc.

Les Esquimaux, habitans du nord de l'Amérique, font usage de leurs chiens, non-seulement pour se faire voiturer sur les traîneaux dans leur contrée couverte de neige la plus grande partie de l'année, mais aussi pour transporter des fardeaux et pour chasser et prendre les animaux sauvages, tels que les veaux marins, les ours et les rennes. En été, un chien qui suit son maître à la chasse porte un poids de trente livres. En hiver, on les attelle à de lourds traîneaux chargés de cinq à six personnes, et ils font habituellement dans les plaines trois lieues à l'heure, et vingt-quatre en un jour. Ces animaux sont en général très mal traités et très mal nourris par leurs maîtres, malgré les services éminens qu'ils leur rendent; conduite qui n'est que trop souvent suivie par les hommes inhumains et ingrats, vis-à-vis de leurs inférieurs, qui cependant leur rendent journellement de grands services. Si la nature nous inspire de la reconnaissance pour les animaux qui nous sont utiles, elle nous impose une loi bien plus impérieuse, celle de concourir au bonheur de nos semblables, surtout lorsqu'ils travaillent eux-mêmes à nous procurer les besoins et les jouissances de la vie.

On attelle, deux à deux, dix ou vingt chiens à un traîneau, selon la charge qu'il doit porter; on leur met à cet effet autour du cou une courroie à laquelle est attaché le trait fixé au traîneau. On choisit pour mettre à la tête de cet attelage le chien le plus ardent et le mieux dressé. On le dirige de la voix ou au moyen d'une renne avec laquelle on le fait tourner à droite ou à gauche. On arrête l'attelage en proférant le mot *wo*, pareil à celui dont se servent nos charretiers. Le conducteur emploie un fouet, long de quinze pieds, avec lequel il excite les paresseux.

Ces chiens ont l'odorat extrêmement fin; ils sentent un animal à un quart de lieue de distance, et alors ils se détournent de la route et se dirigent, avec une ardeur inconcevable, vers le lieu où les porte leur instinct. Ils ont une telle fureur pour attaquer les ours, que si l'on veut les exciter à accélérer leur marche lorsqu'ils tirent des traîneaux, on leur fait entendre le mot *nennook*, qui signifie ours. Deux ou trois chiens, conduits par un homme, se jettent avec impétuosité sur les ours les plus féroces. Ils éprouvent cependant une grande répugnance à attaquer les loups. Cette variété, qui diffère peu du chien du berger, n'aboie point. On trouve dans d'autres contrées, surtout sous les tropiques, des races de chiens qui sont privées de cette faculté. Voici la figure d'un chien de berger, de la race que l'on élève surtout dans les départemens voisins du département de la Seine. Elle est la plus intelligente et la plus propre à la garde des troupeaux de moutons.

Chien courant. On en trouve plusieurs espèces, remarquables par la longueur de leurs oreilles pendantes; ils ont la jambe forte, le poil court, la queue relevée; ils sont blancs, ou noirs, ou fauves, ou tachetés de ces diverses couleurs. C'est la race la plus convenable pour suivre le gibier à la piste, le lièvre, le chevreuil, le sanglier, etc.

Chien loup. Il se distingue du chien de berger par les poils qui couvrent toutes les parties de la tête et par une queue très relevée; sa couleur est généralement blanche, ou noire, ou fauve; on l'emploie dans quelques pays à la garde des troupeaux.

Basset. On reconnaît facilement cette race par ses jambes qui sont toujours très courtes, quelquefois droites et souvent torses; les oreilles sont larges. longues et pendantes; ils sont recherchés pour la chasse au chien courant.

Braque. Il diffère peu du précédent et du chien courant ordinaire; il a le museau moins long, les oreilles plus courtes, les jambes plus allongées et le corps plus épais.

Terrier. Cette race, dont on forme des meutes en Angleterre pour chasser le renard, le lièvre et le lapin, est noire, ayant les yeux, le dessous du corps et les pattes d'un jaune roux foncé. Elle a beaucoup de vivacité et d'intelligence, et une grande ardeur pour la chasse; elle aime à suivre les chevaux et les voitures, guette les souris et les saisit avec autant d'adresse que le font les chats. Elle s'attache à son maître et repousse les personnes qu'elle ne connaît pas.

On trouve en Ecosse une autre race de terriers plus corsée que la précédente, et qui a l'extrémité des oreilles recourbée, le poil blanc ou brun, long et touffu, tandis que la précédente l'a court et lisse. Elle n'a que douze ou quinze pouces de haut, avec une assez grosse tête et de fortes jambes.

Elle jouit, ainsi que le terrier anglais, d'un excellent odorat et a la même ardeur à poursuivre les lièvres, les renards, les lapins, les putois, les fouines, les rats et autres animaux du même genre. Nous avons vu ces chiens se jeter avec fureur sur les hérissons, les attaquer dans l'eau en nageant, et quoiqu'ils eussent la gueule ensanglantée par les piqûres qu'ils en avaient reçues, ils les poursuivaient toujours avec la même ardeur. Nous donnons ici la représentation de ce chien.

Épagneul. Il est couvert de poils longs et soyeux; ses oreilles sont pendantes comme celles du chien courant, et ses jambes plus élevées; il est blanc ou marron, ou tacheté de ces deux couleurs et de noir. Il varie pour la taille, et il est recherché comme chien d'arrêt pour la chasse, ou comme chien de garde et de compagnie.

Il existait anciennement en Angleterre et en Ecosse

une espèce de chien nommé *blood-dog*, *chien de sang*, qui avait de l'analogie avec l'épagneul, mais qui était beaucoup plus grand, plus fort et plus hardi. Cette race est presque perdue ; on n'en trouve que quelques individus dans le nord de l'Angleterre. Ce chien était principalement destiné à suivre la trace formée par le sang des animaux blessés. A une époque où le pays était infesté par les voleurs, on l'élevait dans plusieurs districts de l'Angleterre pour suivre à la piste les malfaiteurs. Il existait une loi par laquelle les habitans payaient une taxe afin de pourvoir à l'entretien de ces animaux. Il était ordonné en Ecosse par une autre loi à tous les propriétaires de leur ouvrir la porte de leurs maisons lorsqu'ils se présentaient pour la recherche des objets volés. Les personnes qui s'y refusaient étaient considérées et punies comme complices. La figure de l'épagneul ordinaire se trouve sur la feuille qui forme le titre de cet ouvrage. Nous donnons ici la figure du chien couchant, ou chien d'arrêt, dont on se sert le plus communément pour la chasse du lièvre et de la perdrix. Il n'a pas le poil aussi long que l'épagneul.

Barbet. Cette variété est l'une des plus intelligentes et des plus communes en France. Elle est remarquable par ses longs poils bouclés, de couleur noire, ou blanche, ou mélangée. Ces animaux sont attachés à leurs maîtres, et exécutent, avec le secours de l'instruction, différens tours d'adresse assez surprenans. Ils aiment beaucoup à aller dans l'eau.

Dogues. Les chiens de cette famille se caractérisent par le raccourcissement du museau et par l'ampleur de leurs corps. C'est de toutes les races la moins intelligente.

Dogue de forte race. Ils sont faciles à reconnaître par la grosseur de leur tête et de leur corps. Leurs oreilles sont petites et à demi-pendantes; leurs lèvres épaisses tombent de chaque côté de la gueule; ils ont les jambes assez courtes et fortes; les poils, ras, blancs et noirs. Le dogue est employé de préférence à tout autre dans les combats de bêtes féroces et de taureau.

Ce genre de divertissement, détruit par les principes de la révolution de 89, a été rétabli sous l'empire et maintenu sous la royauté des Bourbons, car les gouvernemens qui tendent au despotisme favorisent et encouragent tout ce qui peut abrutir le peuple. Les Anglais, chez qui les combats de taureaux sont très communs, emploient une espèce de dogue qu'ils nomment *bull-dog* ou chien de taureau, qui est à peu de différence le même que celui de France. Cet animal n'est susceptible d'aucun genre d'éducation et il n'a d'instinct que pour les combats, pareil en cela à ces hommes qui, sans principes et sans humanité, font consister dans la force brutale et dans l'emploi de leurs armes, tout mérite et toute gloire.

Quelques personnes, révoltées par la barbarie de ces combats sanguinaires, avaient fait, en Angleterre, des efforts pour en provoquer l'abolition. Le sujet fut discuté au parlement; mais l'aristocratie qui, dans ce pays, ne fait de lois qu'en vue de ses intérêts privés, rejeta une mesure qui tendait à civiliser le peuple. On donna pour raison que ces combats entretenaient l'esprit et le caractère national; sans doute comme chez les Romains, les combats de gladiateurs entretenaient la férocité du peuple. Il est fait mention, dans les chroniques d'Angleterre, dès l'an 1209, de ce genre de combat.

On donne chaque jour au peuple des spectacles où l'on verse le sang des hommes sur des échafauds et celui des animaux dans les spectacles; et l'on vient ensuite accuser le peuple de férocité, si, lorsqu'une révolution éclate, il se venge sur ceux qui l'ont opprimé et avili, et s'il permet à de nouveaux ambitieux d'abattre impunément les têtes de ceux qui veulent s'opposer à leur despotisme.

Le dogue est de toutes les races de chien le plus féroce et le plus entreprenant, et peut-être le plus propre à combattre tous les autres animaux; car il les attaque également quelles que soient leur force et leur férocité. Il se jette sur eux avec furie lorsqu'il est animé par son maître ou échauffé par le combat, sans considérer le danger auquel il s'expose; et lorsqu'il les a saisis, rien ne peut lui faire lâcher prise. On voit tous les jours, dans ces combats, des dogues fixés par leurs dents à la tête d'un taureau, être secoués en l'air, être jetés contre terre ou foulés au pied de leurs adversaires sans lâcher prise. On cite l'histoire d'un Anglais qui, ayant une excellente race de *bull-dogs*, paria que, lorsque son chien aurait saisi le taureau qu'on lui opposerait, il ne le lâcherait pas, même si on lui coupait une ou plusieurs pattes. Ce pari fut tenu, et l'expérience ayant été faite, le chien combattit sans relâche et jusqu'à la dernière extrémité, quoiqu'on lui eût cruellement coupé les quatre pieds les uns après les autres, en observant quelque intervalle.

Dogue ordinaire. Il ressemble au précédent, et n'en diffère en général que par une taille plus petite; souvent il a les narines séparées par une fente profonde.

Doguin ou Carlin. Il a une grande analogie avec les deux précédens; mais il a les lèvres moins pendantes, et sa taille est plus petite.

Chien de Malte. Il est petit, il a des poils longs et soyeux qui lui couvrent tout le corps; il est assez rare en France. Il était anciennement recherché par les femmes.

Chien de Terre-Neuve. Les proportions de son

corps sont à peu près les mêmes que celles du chien de berger. Il a le corps très garni de poils longs et assez soyeux ; la queue longue, retroussée et touffue. Sa couleur est ordinairement blanche, tachetée de plaques noires ; sa taille est assez élevée, son corps allongé. Il est très agile, et jouit d'une force musculaire supérieure à celle des autres races de chiens de même grosseur. Il s'attache fortement à son maître, et il se montre difficile pour les étrangers. Il est surtout remarquable pour la facilité avec laquelle il se jette à l'eau, qui paraît être pour lui un second élément. C'est cette qualité qui l'a fait élever dans quelques endroits pour sauver les hommes qui courent le danger de se noyer.

Cette belle race de chiens, moins prompte à la course que beaucoup d'autres, les surpasse toutes sous le rapport de la natation, étant douée par la nature d'une propriété toute particulière. Elle a entre les doigts, ainsi que les oies, les canards et autres oiseaux aquatiques, une membrane ou espèce de peau qui occupe environ la moitié de la longueur de ses doigts, en les réunissant les uns aux autres, de manière à présenter une surface qui résiste à l'eau, lorsque l'animal nage, et aide singulièrement la rapidité de ses mouvemens.

Un grand nombre de personnes sont redevables de la vie aux chiens de Terre-Neuve, surtout en Angleterre où ils sont plus répandus qu'en France. Des équipages de bâtimens ont même été sauvés par l'intrépidité de ces animaux. Il est en effet arrivé que des marins, ne pouvant aborder le rivage à cause de la tempête, ont jeté à l'eau un de ces chiens après lui avoir attaché une corde au col. L'animal arrivé à terre, on tirait la corde et on parvenait ainsi à faire aborder le bâtiment.

Le chien de Terre-Neuve, originaire de l'île dont il porte le nom, introduit en Europe depuis peu de temps, est, de toutes les races, celle qui possède des qualités les plus utiles à l'homme; il est obéissant, attaché, fidèle et bon pour la garde. Doué d'une force musculaire assez puissante, il est employé par les habitans de Terre-Neuve pendant l'hiver, à faire sur la neige le transport de tous les objets appropriés à leurs besoins, soit sur des charrettes, soit sur des traîneaux; il remplace les chevaux dans plusieurs circonstances. Il y a un siècle, que tous les voyages se faisaient dans ce pays uniquement avec le secours des chiens. Sa grande taille et sa force lui permettent de tirer de lourds fardeaux. Un attelage de trois ou de cinq chiens traîne une charge de 180 à 200 livres, à une lieue et demie de distance. Souvent même ils n'ont pas besoin de conducteur; lorsque leur chargement est prêt, on leur fait signe de partir, et ils se rendent promptement au logis de leur maître.

Les habitans des côtes, après avoir soumis leurs chiens à de rudes travaux pendant l'hiver, les abandonnent à eux-mêmes pendant l'été, saison où ils se livrent à la pêche. Les chiens, obligés de pourvoir à leur propre subsistance, souvent pressés par la faim, se réunissent en troupes, attaquent les troupeaux de moutons qui errent librement dans l'île et commettent de grands ravages. C'est ce qui a fait offrir des primes aux personnes qui les détruiraient.

La vigilance du chien de Terre-Neuve l'a fait préférer au mâtin pour la garde, malgré qu'il n'aboie que très rarement. Les Anglais l'ont aussi dressé pour la chasse avec beaucoup de succès, et ils ont trouvé qu'il arrête très bien le gibier.

Il remplit les commissions qu'on lui donne avec autant d'exactitude que d'intelligence. Un particulier qui avait une habitation de l'autre côté de l'eau vis-à-vis de Falmouth, en Angleterre, avait accoutumé un chien de Terre-Neuve à traverser l'eau tous les matins, et à se rendre à la poste où on lui délivrait les lettres de son maître : il retournait au logis par le même chemin, et venait déposer sur la table le paquet qu'il portait dans sa gueule.

Nous figurons ici le chien de Terre-Neuve.

Mâtin. Les chiens de cette race sont grands, vigoureux et légers; leurs oreilles sont à demi pendantes. On en voit de gris, de blancs, de bruns, de noirs. Ils portent la queue retroussée en haut. Ils sont principalement destinés à la garde des habitations.

L'Angleterre était renommée anciennement pour la beauté, la taille, la force et le courage des chiens de cette race primitive, qui s'est perdue ou a dégénéré par le croisement d'espèces moins belles. Il existait surtout en Irlande une race connue sous le nom de chiens loups, qui, dit-on, était la plus grande et la plus forte de toutes les espèces connues au monde. Celle qui se trouve encore aujourd'hui ne paraît pas être la même, quoique les individus aient jusqu'à trois pieds huit pouces de haut. Ils sont aussi gros que des veaux d'un an; mais ils n'ont ni le courage ni la force de l'ancienne race. Ce n'est qu'avec beaucoup de soins et de nourriture qu'on est parvenu à obtenir une taille si énorme. Le même résultat se produit chez l'homme. Les individus qui mangent beaucoup et qui prennent des alimens très succulens, et font très peu d'exercice, deviennent gros et gras; mais ils n'ont ni la force, ni la souplesse, ni l'activité, ni la santé de ceux qui sont sobres sur la quantité et la qualité des alimens.

C'est avec cette ancienne race de chiens que les Anglais sont parvenus à extirper les loups, qui étaient, il y a quelques siècles, plus communs dans ce pays, qu'ils ne le sont aujourd'hui en France. Depuis cette époque, les îles qui forment la Grande-Bretagne se sont couvertes de moutons paissant jour et nuit au milieu des champs clos, sans avoir besoin de chiens ou de berger pour les protéger. Voici la figure du mâtin.

Danois. Le danois a le corps assez dégagé ; il est blanc avec des taches de noir ; son corps et sa queue qu'il tient relevée horizontalement sont couverts d'un poil ras. Il porte une certaine affection aux chevaux et aime à courir devant les voitures.

Levrier. Il se distingue des deux espèces précédentes par des formes plus sveltes, plus allongées ; il a le museau très effilé, les jambes très minces, la queue longue et le poil ras, blanc, noir, gris, etc. ; il court avec une rapidité incroyable, et il arrête promptement les lièvres dans leur course. Le chien turc sans poil tient à cette race.

Nous avons vu par les détails donnés dans l'histoire du chien, que cet animal a d'abord été employé à détruire ou à dompter les animaux sauvages, ensuite à la conservation et à la conduite des troupeaux, à la garde de l'homme, enfin qu'il a concouru comme un compagnon fidèle à ses plaisirs ou à ses besoins. Ses qualités le rendent surtout propre à la chasse des animaux dont la multiplication ne nous eût pas permis de conserver les produits de l'agriculture nécessaires à notre existence; aussi a-t-il été dans tous les temps employé à ce genre de service.

Dans l'origine des sociétés humaines, chaque homme pouvait disposer de ce qui n'était pas la propriété d'autrui; les bêtes sauvages, les oiseaux et les poissons n'appartenant à personne, devenaient la propriété de celui qui s'en emparait le premier. Aussi, d'après les lois romaines, fondées sur ce principe, la chasse et la pêche étaient libres, et il était permis à chacun de tuer et de s'emparer des animaux sauvages partout où il les trouvait, pourvu qu'il ne causât aucun dégât sur les propriétés d'autrui. Mais les barbares du Nord ayant envahi l'empire romain, ayant détruit les villes et ravagé les campagnes, les animaux sauvages s'emparèrent promptement du terrain resté sans culture. Ces conquérans ne connaissant, ainsi que la noblesse, d'autres occupations et d'autres plaisirs que ceux de la guerre et de la chasse, se réservèrent seuls le droit de chasser le gibier et firent des lois sanguinaires contre toute autre personne qui tuerait un animal sauvage. Un noble qui tuait un vilain ou paysan était censé moins criminel et moins sévèrement puni qu'un vilain qui tuait un lièvre ou un sanglier. Les rois surtout et les princes qui sous le régime féodal passaient leur temps à guerroyer entre eux ou à exterminer les animaux, lorsqu'ils donnaient relâche aux hommes, s'étaient réservé de vastes étendues de terre et des forêts peuplées de cerfs, de chevreuils, de sangliers et d'autres espèces d'animaux; et ils livraient à la destruction les habitations, les fermes et même les églises qui se trouvaient comprises dans ces enceintes. Ils entretenaient pour le plaisir de la chasse des meutes de chiens consacrées chacune à une espèce particulière de gibier. Cet exemple fut imité par les barons et les autres nobles, dont le gibier ravageait impunément les champs des pauvres cultivateurs.

Les princes, abandonnant à des favoris le gouvernement de leurs sujets, faisaient consister leur gloire à maintenir de nombreux et brillans équipages de chasse; non-seulement ils nourrissaient, pour satisfaire cette passion, un grand nombre de chiens, et de faucons pour la chasse au vol, mais une quantité presque égale de chevaux et de valets. C'était, ainsi que le dit un écrivain, une vraie société entre les seigneurs, les chiens, les chevaux et les faucons. Tel était l'esprit d'association de cette époque. La chasse au vol, qui se faisait avec des faucons, oiseaux de proie qu'on lançait sur le petit gibier, étant une attribution spéciale du seigneur, il ne paraissait jamais en public dans son appareil sans se faire précéder par un cavalier portant un faucon sur le poing. Cet usage, que plus tard les rois s'étaient réservé pour eux seuls, existait encore au commencement du règne de Louis XVI, que nous avons vu dans les cérémonies se faire précéder par des valets à cheval, un faucon sur le poing. De là était venue la charge de grand-fauconnier, qui, ainsi que celle de grand-veneur, était réservée pour de grands seigneurs avec de grands appointemens. Les femmes, décorées du titre de reine, trouvaient autant de plaisir que les rois à verser le sang des animaux qu'elles entretenaient à grands frais sur de vastes possessions. Élisabeth, reine d'Angleterre, passionnée pour la chasse même à l'âge de soixante-dix-sept ans, poursuivait dans ses bois les cerfs et les sangliers, accompagnée de ses chiens et de ses courtisans. La chasse des cerfs a toujours été considérée en Europe comme une attribution royale. Georges III, roi d'Angleterre, payait annuellement 2,000 guinées ou 50,000 francs à son *maître des chiens* pour la chasse du sanglier; et ce personnage était toujours de haute distinction. Les grands seigneurs imitaient anciennement les rois dans ce genre de profusion. Il y a peu d'années que le duc de Richmond, en Angleterre, possédait un chenil qui lui avait coûté 19,000 guinées ou 475,000 francs. Que de familles malheureuses et plongées dans la misère n'eût-on pas secourues avec une somme si considérable, employée à nourrir des chiens pour la vanité et le plaisir passager d'un seul homme. Nous avons vu en France, de nos jours, des rois et des princes, abandonnant le soin de leurs états, avoir pour la chasse la même passion que les chiens entretenus par eux à si grands frais.

Les Anglais, qui ont porté un soin et une intelligence tout particuliers au perfectionnement des races d'animaux, ne se sont pas contentés de créer, pour ainsi dire, des races de bœufs, de chevaux, de moutons et de cochons, en croisant les espèces ; ils ont obtenu, en employant le même moyen, de nouvelles races de chiens qui possèdent au plus haut degré les différentes qualités que l'on recherche dans ces animaux. Ainsi, pour citer deux ou trois exemples, nous ferons mention d'une chasse où les chiens du duc de Richmond ayant rencontré un cerf, le poursuivirent sans interruption pendant dix heures, et cela avec tant de rapidité, que plusieurs personnes qui suivaient la chasse furent obligées de changer trois fois de chevaux. Dans une chasse qui eut lieu en 1822, chez le comte de Derby, un daim fut poursuivi à une distance de trente milles, à vol d'oiseau, c'est-à-dire en droite ligne. Mais on calcule, d'après les détours faits par le daim et par les chiens, qu'on avait parcouru un trajet de cinquante-cinq ou soixante milles, vingt-deux à vingt-quatre lieues. La course dura trois heures trois-quarts, et elle fut tellement pénible pour les chevaux qu'il y en eut environ vingt qui périrent. Enfin, ces races sont tellement perfectionnées, qu'on a l'exemple de chiens qui ont poursuivi un renard pendant trente heures sans discontinuer.

FIN.

IMPRIMERIE DE E. DUVERGER,
RUE DE VERNEUIL, N. 4.

www.ingramcontent.com/pod-product-compliance
Lightning Source LLC
LaVergne TN
LVHW050433160826
845677LV00002BA/685

* 9 7 8 2 3 2 9 6 7 7 4 8 4 *